科 学 家 们 有 点 儿 忙

数学选中了你

③数学教会了我们什么

很忙工作室◎著　　有福画童书◎绘

北京科学技术出版社
100层童书馆

3 岁发现父亲账目里的错误。

9 岁创立了"高斯求和",也就是用简便算法计算从 1 到 100 的和。

15 岁开始质疑欧氏几何。

19 岁发现了正十七边形尺规作图的方法。
这是一个天赋异禀的孩子。

小侦探，别躲了！我收到你的数学星人调查报告了！

我之前也给您写过信，但我不明白为什么我和他们不一样，为什么大家都要学数学，为什么……

哈哈，很多小朋友的来信中都有同样的问题，我得好好想想怎么回答。

不如我给你讲几个真正的数学星人的故事吧！

数学星人和我有啥关系？

我们先从一些童年时期就对数学敏感的天才开始。

小天才的世界我可不懂。

看起来每个人都从同一个起点出发，在启蒙阶段学着相同的知识，但最终有的人成了被数学选中的人，有的人……

成了被数学抛弃的人。

其中有一位数学家欧拉，他13岁读大学，16岁就获得了硕士学位！

我9岁才上三年级！4年后能上大学？

说起年少成名，还是我更厉害一点儿。

再给我100页纸！

欧拉平均每年写出800多页的论文，是一位非常多产的数学家。

28岁时，欧拉的右眼因病近乎失明，但这并没有影响他在数学上取得全面成就。

我的大脑不能停止思考！

还有一位法国数学家伽罗瓦，他 16 岁才开始学习数学……

16 岁上小学一年级？

不是！他在 16 岁时开始系统地学习数学，从此对数学热情高涨！

20 岁时，他开创了独立的数学分支"群论"。

可惜他卷入了一场决斗，据说他自知毫无胜算……

我接受你的挑战！

于是，在决斗的前一天晚上，他连夜记录下自己的数学成果……

并不时在页边写下——

我没有时间了！

伽罗瓦 21 岁时在决斗中不幸身亡。

太惨了啊！

还有一位天才拉马努金，只用了两年的时间就学完了从小学到初中的课程！

拉马努金是印度的天才数学家。

哈哈！被我发现了！

出身贫寒的他没有被现实的困境打败，凭借超人的洞察力发现了大量数学定理。

我接！

这个我来验证！

他独立发现了近 3900 个千奇百怪的数学公式，可惜很多公式都没有留下证明过程。他的数学笔记本成了科学家们开创分支学科、探索数学规律的宝库。

拉马努金最终只有高中学历，他在31岁时当选英国皇家学会的外籍会员和剑桥大学三一学院的院士。

这些数学星人都太厉害了。

天才爱数学，他们好像不用学就会了，可我学起来很费劲，学了有什么用？

不管你是不是数学星人，数学都会给你带来巨大的影响，可能你只是还没有发现而已。

我们回到现实，先看看普通人要学哪些数学知识吧。

数学

生物

小学数学大部分内容来自中国古代的数学专著《九章算术》。

这个作者要是少写点儿就好了！

九章算术

作者吗？我们到现在都不知道这本书是谁写的。

我们只知道这本书成书于东汉，距今约2000年。

东汉

371

1901

2023

你猜《九章算术》有几章？

肯定是9章，不要小瞧我呀……

没错，这本书分为9章，提出了246个问题。

《九章算术》经过从先秦到西汉中叶众多学者的编纂、修改，是中国古代数学体系形成的标志。

你可以去自己的数学课本中找一找，看看能找到哪些来源于《九章算术》的内容。

九章分别是：方田、粟米、衰分、少广、商功、均输、盈不足、方程、勾股。

古代人用数学去解决很多生产和生活中的问题。

听不懂，我就知道为什么东人也要学数学

比如方田讲的是如何计算田亩面积，官员可以据此丈量所管辖的田地。

粟米讲的是谷物粮食如何按比例折算，用于民间和官民之间交换谷物的计算。

这块地的底边是12步，高是21步……

用底边长的一半6乘以高21，得出面积是126。

那边开始换粮食啦！

为了保证粮食能公平交换，当时的人学会了用数学方法来解决问题。

他们确定了不同品种的粮食相互兑换的比例，比如50单位带壳的谷子"粟"，能换30单位的糙米。

这就是数学中典型的"比例问题"。

这样确实方便多了！

就快到我们了！

换了这么多！

《九章算术》中还讲到了"追及问题"和"相遇问题"。

这些也是小学应用题会涉及的题型。

一听就是很难的题！

喂，你去哪儿？

我走得快！我走100步，她只能走60步。

我走得慢……要是我先走100步，她要走多少步才能追上我？

答案是250步！

我从南海飞到北海需要7天。

我从北海飞到南海需要9天。

我们还学了相遇问题。

等我吃完再算。

这就是追及问题，我们刚刚在学堂里学过。

我刚才是想试试能不能追上她们。

数学星人果然不懂我们。

我来给你讲讲另一本非常著名的数学专著《几何原本》。

《几何原本》中的很多内容也是在小学就会学到的！

这又是哪位数学星人想出来折磨我们的？

这本书的作者欧几里得是大名鼎鼎的古希腊数学家。

请问学几何有什么好处啊？

小学到初中的绝大部分内容，对应的只是16世纪以前的数学而已。

这些数学家就不能少写点儿嘛……

学几何还想要好处？那就给你3枚钱币吧！

老师希望你好好学习。

学习几何有什么捷径可走吗？

在几何学里，没有专为国王铺设的大道！

老师的意思是，不管是谁，没有耕耘就没有收获。

18

19

你再想想，如果切面相同的图形不断叠加，有了厚度之后就会变成……

圆柱体！

竖着切，切面就是长方形。把切出来的长方形叠加，就变成了长方体。

你看，变化一下形态，就可以用几何造出万物了。

这么一想，好像还挺有意思的。

那就认真学起来吧！

但是数学从一年级就开始学，要学很久，真的是很容易让人厌烦。

有人说《几何原本》中的知识，前人早就提出了。

但之前的几何知识都是碎片化的。

是我建立了几何学的逻辑体系。

数学能帮我们打下思维基础，因为数学有不同于其他学科的东西。

什么呀？

一个是抽象性，一个是推理。

实验室

抽象？可物理、化学也很抽象啊！

理科的其他学科并不抽象，物理、化学、生物都是靠实验来推理和验证的，算是看得见的吧。

物理、化学看得见吗？

当然看得见，我们身边到处都是。比如突然刹车时身体往前倾，就是看得见的物理定律。

扔个石头竟然和数学有关！

但是数学不是这样的，一个公式就能概括世间万物。比如数学公式可以描述物体的运动轨迹。

$$y = ax^2 + bx + c$$
$$(a \neq 0)$$

而且，数学的逻辑推理在两千多年前就已经出现了。

数学的逻辑推理是一步一步地推导，从 a 推到 b，再推到 c……

我在《几何原本》中开创性地使用演绎推理的方式进行数学证明。

我提出了 5 个公理、5 个公设、23 个定义。

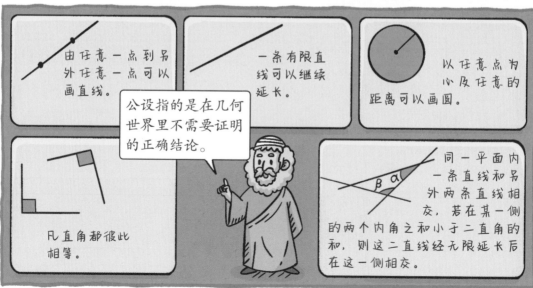

由任意一点到另外任意一点可以画直线。

一条有限直线可以继续延长。

以任意点为心及任意的距离可以画圆。

公设指的是在几何世界里不需要证明的正确结论。

凡直角都彼此相等。

同一平面内一条直线和另外两条直线相交，若在某一侧的两个内角之和小于二直角的和，则这二直线经无限延长后在这一侧相交。

这么说吧，要想当好侦探，就得像福尔摩斯一样把数学学好！

你试试用前一页欧几里得的公理推导一下！

你怎么知道福尔摩斯数学好？

我不会……

让我来举个例子！侦探数学好，福尔摩斯是侦探，那么福尔摩斯数学好。

咦？

这么简单就推出来了，我也能学会！

实际上，福尔摩斯在破案过程中经常使用演绎推理的方法！

演绎推理中，只要前提正确，形式合乎逻辑，那么结论就一定正确。

距离小

距离大

通常情况下，伦敦市的出租马车都比自用马车窄。

他推理的过程就像您刚才举的例子一样，让人无法反驳。

现场车辙之间的距离较窄。

嗯，这个例子正是用了演绎推理。

所以案发现场的马车是出租的四轮马车，这是演绎推理得出的结论。

我喜欢福尔摩斯，我将来想当侦探！

现在是不是觉得数学有意思一些了？

咦？我收到了一个数学锦囊！

小侦探，接住！学数学会提高你的逻辑思维能力！

几何王国

记住，处理复杂问题往往需要自发地调用头脑中的逻辑推理能力。好好学吧！

二战时期，美国军方计划为飞机的脆弱部位加装防护板。

如果你发现返航的飞机有的地方弹孔多，有的地方弹孔少，你会在什么地方装防护板呢？

这道题肯定有陷阱……

很多人觉得应该在弹孔多的地方装防护板，但数学家沃尔德反对。

从概率学角度看，飞机任何部位中弹的概率都一样！

返航飞机的机头没有出现弹孔并不是因为炮弹打不到，而是因为机头被炮弹打中的飞机一架也没飞回来！

所以人们才见不到机头中弹的返航飞机！

数学的训练让沃尔德敏锐地意识到，应该在弹孔少的地方装防护板。

数学家的想法果然不同。

可是，不是每个人都是数学星人啊，对我来说，我会用加减乘除就行。

28

黄金比例无处不在，符合这一比例的事物会让人觉得格外美。

这样构图符合黄金比例，果然好看，我也受数学影响了。

原来是这样啊。

黄金分割这一数学原理早在公元前 4 世纪的古希腊就被发现了。
如果把一条线段 AB 分为两部分，较长部分与全长的比值和较短部分与较长部分的比值是相等的，中间的这个分割点 C 就是黄金分割点。
这个比值约为 0.618:1，如果反过来比，比值约为 1.618:1。

$$\frac{AC}{AB} = \frac{BC}{AC} \approx 0.618$$

一个长方形的长减去宽后，可以构成一个新的长方形。原来长方形长与宽的比等于新长方形长与宽的比。这是黄金分割在平面图形中的应用。

$$\frac{a}{b} = \frac{a+b}{a} \approx 1.618$$

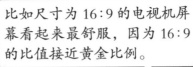

比如尺寸为 16:9 的电视机屏幕看起来最舒服，因为 16:9 的比值接近黄金比例。

不管你是否了解这个数学原理，都会觉得符合这个比例的物体有种天然的美感。

达·芬奇的名画《蒙娜丽莎》也符合这个比例。

你再看看面部的五官。

怪不得大家都说她美。

雅典帕特农神庙的长宽比也符合黄金比例。

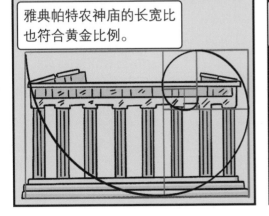

五角星中所有线段之间的长度关系，小提琴各部分的长度关系也都符合黄金比例。

现在你觉得数学怎么样?

跟我以前想的不太一样。

那些数学星人也都很有意思。

不过,我还是觉得数学很难。

可能对于那些数学家来说,数学也是很难的。

我知道。有很多猜想、定理数学家们想破了头,有时候想几百年也是常有的事儿。

虽然过程艰苦,但是一代又一代的数学家愿意日以继夜地努力,因为他们对数学是充满感情的。

高斯老师,您有好看的数学书可以借我看看吗?

数学到底教会了我们什么呢?
数学知识? 运用知识的方法? 解决难题? 考出高分?

不要只把数学作为一门考试的科目,而要用更广阔的视角去看数学、发现数学的美妙。

这样,你就能体会到学数学的乐趣,也许探索数学的兴趣也能被激发出来。

欢迎给我来信,这场能让你终身受益的数学发现之旅一直在继续。

我的数学笔记

我查阅了很多资料，发现还有一些数学方面的经典著作也很厉害、很有意思。

先说笛卡儿吧。笛卡儿是法国哲学家、数学家、物理学家，他写了一本《几何学》，提出用代数方法来研究几何问题，可以说是他开创了解析几何。

如果你看过《我的牛顿教练》，一定知道牛顿的《自然哲学的数学原理》这本书。这本书是经典力学的第一部经典著作，牛顿在这本书中提出了力学的三大定律和万有引力定律。而且，它不仅是一本物理学的著作，还对数学、天文学等其他领域产生了巨大影响。

高斯老师的《算术研究》开创了现代数论的新纪元。虽然我不理解"数论"是什么，但是从高斯老师的这句话里，我能感受到数论的重要性："数学是科学的女皇，数论是数学的女皇。"

我的数学笔记

　　中国古代有《算经十书》，指的是在汉代到唐代这一千多年的时间里编纂而成的十部数学著作，它们分别是《周髀算经》《九章算术》《海岛算经》《张丘建算经》《夏侯阳算经》《五经算术》《缉古算经》《缀术》《五曹算经》《孙子算经》。

　　《周髀算经》约成书于秦末汉初时期，可以说是中国最古老的天文学和数学著作。其实一开始它的书名是《周髀》，唐朝的时候它被定为国子监的教材之一，并改名为《周髀算经》。

　　《海岛算经》原名《重差术》，是魏晋时期的刘徽写的，主要讲的是和高度、距离有关的测量问题，比如测量山有多高等，是我国历史上最早的一部测量学著作。

　　祖冲之对圆周率的研究就记录在《缀术》中。根据史料记载，这部书应该是祖冲之父子所著。《缀术》也在唐朝被收入《算经十书》，并成为唐朝国子监的教材之一。

欧几里得在《几何原本》中提出了23个定义、5个公设和5个公理，这些内容是欧式几何的源头，用它们可以推导出整个欧式几何。其中的23个定义，定义了点、线、面、圆、角等数学概念。比如：点是没有部分的；线段只有长度而没有宽度；线的极端是点；直线是其组成点均匀地直放着的线；面只有长度与宽度；面的极端是线；平面是它上面的线一样地平放着的面……

除此之外，《几何原本》中还证明了467个命题，比如下面这一个。

命题：一条线段可以被分成两条相等的线段。

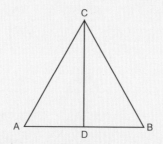

这个命题是这样证明的：

设AB为一条线段，我们要把它平分为两条相等的线段。先画一个等边三角形ABC，让角ACB被线段CD平分，那么，点D就是线段AB的平分点。

因为AC等于CB，CD是公共边，AC、CD和BC、CD是对应相等的，角ACD等于角BCD，所以边AD等于边BD。

我有一个问题 ?

数学是人类的发明还是发现?

中国科学院院士
袁亚湘

数学既有发现也有发明。数学中的很多知识都是数学家的发现，比如勾股定理、黄金分割比例等，这些知识是天然隐藏在万物中的，而且还有很多在等着数学家继续去发现。而数学中用到的很多方法则是发明，比如，初等数学中解方程的消元法是发明，高等数学中的微积分也是发明。

您最喜欢的数学家是谁?

我最喜欢的数学家是巴罗（Issac Barrow，1630~1677），他33岁就担任了剑桥大学的卢卡斯数学讲座教授，是当时欧洲最知名的数学家之一。他培养了十分出色的学生牛顿，十分赞赏牛顿的天赋和勤奋。39岁时，巴罗觉得牛顿的成就已经超过了自己，于是主动退休，让牛顿来接替自己担任卢卡斯数学讲座教授。巴罗是数学界著名的"伯乐"，他培养人才、提携后学，为后人做出了榜样。

图书在版编目（CIP）数据

数学选中了你. 3, 数学教会了我们什么 / 很忙工作室著；有福画童书绘. —
北京：北京科学技术出版社，2023.12（2024.6重印）
（科学家们有点儿忙）
ISBN 978-7-5714-3199-0

Ⅰ. ①数…　Ⅱ. ①很… ②有…　Ⅲ. ①数学—儿童读物　Ⅳ. ①O1-49

中国国家版本馆CIP数据核字(2023)第156845号

策划编辑：樊文静
责任编辑：樊文静
封面设计：沈学成
图文制作：旅教文化
营销编辑：赵倩倩　郭靖桓
责任印制：吕　越
出 版 人：曾庆宇
出版发行：北京科学技术出版社
社　　址：北京西直门南大街 16 号
邮政编码：100035
电　　话：0086-10-66135495（总编室）
　　　　　　0086-10-66113227（发行部）
网　　址：www.bkydw.cn
印　　刷：北京宝隆世纪印刷有限公司
开　　本：710 mm × 1000 mm　1/16
字　　数：50 千字
印　　张：2.5
版　　次：2023 年 12 月第 1 版
印　　次：2024 年 6 月第 6 次印刷
ISBN 978-7-5714-3199-0

定　　价：107.00 元（全 4 册）